艺术再现与设计创新卷

敦煌服饰艺术图集

丝绸之路系列丛书

刘元风 赵声良 主编

崔岩 杨婧嫱 编著

中国纺织出版社有限公司

内 容 提 要

敦煌服饰艺术再现与设计创新是建立在扎实理论基础上的实践性研究工作。研究团队选取敦煌石窟中的典型人物形象，尊重历史事实且勘察规律，探索从壁画平面到现实立体的服饰艺术再现，试图展现绚丽多彩的敦煌服饰历代变迁。基于此，结合当代文化发展和产业发展的需要，运用现代设计的视觉和手段，使得古老的敦煌服饰艺术再次焕发光彩，与现代时尚相结合，立足传统，服务当代，创意未来。

本书可供传统服饰文化爱好者、石窟文化爱好者参考使用，也可供相关从业人员阅读借鉴。

图书在版编目（CIP）数据

敦煌服饰艺术图集. 艺术再现与设计创新卷 / 崔岩，杨婧嫱编著. -- 北京：中国纺织出版社有限公司，2024.10

（丝绸之路系列丛书 / 刘元风，赵声良主编）

ISBN 978-7-5229-1805-1

Ⅰ. ①敦… Ⅱ. ①崔… ②杨… Ⅲ. ①敦煌学－服饰文化－中国－图集 Ⅳ. ① TS941.12-64

中国国家版本馆 CIP 数据核字（2024）第 110542 号

Dunhuang Fushi Yishu Tuji Yishu Zaixian yu Sheji Chuangxin Juan

责任编辑：孙成成　　责任校对：高 涵　　责任印制：王艳丽

中国纺织出版社有限公司出版发行
地址：北京市朝阳区百子湾东里 A407 号楼　　邮政编码：100124
销售电话：010—67004422　传真：010—87155801
http://www.c-textilep.com
中国纺织出版社天猫旗舰店
官方微博 http://weibo.com/2119887771
北京华联印刷有限公司印刷　各地新华书店经销
2024 年 10 月第 1 版第 1 次印刷
开本：889×1194　1/16　印张：10.25
字数：85 千字　定价：98.00 元

凡购本书，如有缺页、倒页、脱页，由本社图书营销中心调换

总序

伴随着丝绸之路繁盛而营建千年的敦煌石窟，将中国古代十六国至元代十个历史时期的文化艺术以壁画和彩塑的形式呈现在世人面前，是中西文明及多民族文化荟萃交融的结晶。

敦煌石窟艺术虽始于佛教，却真正源自民族文化和世俗生活。它以佛教故事为载体，描绘着古代社会的世俗百态与人间万象，反映了当时人们的思想观念、审美倾向与物质文化。敦煌壁画与彩塑中包含大量造型生动、形态优美的人物形象，既有佛陀、菩萨、天王、力士、飞天等佛国世界的人物，也有天子、王侯、贵妇、官吏供养人及百姓等不同阶层的人物，还有来自西域及不同少数民族的人物。他们的服饰形态多样，图案描绘生动逼真，色彩华丽，将不同时期、不同民族、不同地域、不同文化服饰的多样性展现得淋漓尽致。

十六国及北魏前期的敦煌石窟艺术仍保留着明显的西域风格，人物造型朴拙，比例适度，采用凹凸晕染法形成特殊的立体感与浑厚感。这一时期的人物服饰多保留了西域及印度风习，菩萨一般呈头戴宝冠、上身赤裸、下着长裙、披帛环绕的形象。北魏后期，随着孝文帝的汉化改革，来自中原的汉风传至敦煌，在西魏及北周洞窟，人物形象与服饰造型出现"褒衣博带""秀骨清像"的风格，世俗服饰多见蜚襚垂髾的飘逸之感，裤褶的流行为隋唐服饰的多元化奠定基础。整体而言，此时的服饰艺术呈现出东西融汇、胡汉杂糅的特点。

随着隋唐时期的大一统，稳定开放的社会环境与繁盛的丝路往来，使敦煌石窟艺术发展至鼎盛时期，逐渐形成新的民族风格和时代特色。隋代，服饰风格表现出由朴实简约向奢华盛装过渡的特点，大量繁复的联珠、菱形等纹样被运用到服饰中，反映了当时纺织和染色工艺水平的提高。此时在菩萨裙装上反复出现的联珠纹，表现为在珠状圆环或菱形骨架中装饰狩猎纹、翼马纹、凤鸟纹、团花纹等元素，呈现四方连续或二方连续排列，这种纹样是受波斯萨珊王朝装饰风格影响基础上进行本土化创造的产物。进入唐代，敦煌壁画与彩塑中的人物造型愈加逼真，生动写实的壁画再现了大唐盛世之下的服饰礼仪制度，异域王子及使臣的服饰展现了万国来朝的盛景，精美的服饰图案将当时织、绣、印、染等高超的纺织技艺逐一呈现。盛唐第130窟都督夫人太原王氏供养像，描绘了盛唐时期贵族妇女体态丰腴，着襦裙、半臂、披帛的华丽仪态，随侍的侍女着圆领袍服、束革带，反映了当时女着男装的流行现象。盛唐第45窟的菩萨塑像，面部丰满圆润，肌肤光洁，云髻高耸，宛如贵妇人，菩萨像的塑造在艺术处理上已突破了传统宗教审美的艺术范畴，将宗教范式与唐代世俗女性形象融为一体。这种艺术风格的出现，得益于唐代开放包容与兼收并蓄的社会风尚，以及对传统大胆革新的开拓精神。

五代及以后，敦煌石窟艺术发展整体进入晚期，历经五代、北宋、西夏、元四个时期和三个不同民族的政权统治。五代、宋时期的敦煌服饰仍以中原风尚为主流，此时供养人像在壁画中所占比重大幅增加，且人物身份地位丰功显赫，成为画师们重点描绘的对象，如五代第98窟曹氏家族女供养人像，身着花钗礼服，彩帔绕身，真实反映了汉族贵族妇女华丽高贵的容姿。由于多民族聚居和交往的历史背景，此时壁画中还出现了于阗、回鹘、蒙古等少数民族服饰，真实反映了在华戎所交的敦煌地区，多民族与多元文化交互融汇的生动场景，具有珍贵的历史价值。

敦煌石窟艺术所展现出的风貌在中华历史中具有重要地位，体现了中国传统服饰文化在发展过程中的继承性、包容性与创造性。繁复华丽的服装与配饰，精美的纹样，绚丽的色彩，对当代服饰文化的传承发展与创新应用具有重要的现实价值。时至今日，随着传统文化不断深入人心，广大学者和设计师不仅从学术研究的角度对敦煌服饰文化进行学习和研究，针对敦煌艺术元素的服饰创新设计也不断纷涌呈现。

自2018年起，敦煌服饰文化研究暨创新设计中心研究团队针对敦煌历代壁画和彩塑中的典型的服饰造型、图案进行整理绘制与服饰艺术再现，通过仔细查阅相关的文献与图像资料，汲取敦煌服饰艺术的深厚滋养，将壁画中模糊变色的人物服饰完整展现。同时，运用现代服饰语言进行了全新诠释与解读，赋予古老的敦煌装饰元素以时代感和创新性，引起了社会的关注和好评。

"丝绸之路系列丛书"是团队研究的阶段性成果，不仅包含敦煌石窟艺术中典型人物的服饰效果图，同时将彩色效果图进一步整理提炼成线描图，可供爱好者摹画与填色，力求将敦煌服饰文化进行全方位的展示与呈现。敦煌服饰文化研究任重而道远，通过本书的出版和传播，希望更多的艺术家、设计师、敦煌艺术的爱好者加入敦煌服饰文化研究中，引发更多关于传统文化与现代设计结合的思考，使敦煌艺术焕发出新时代的生机活力。

刘元风

2023年11月

自序

敦煌服饰艺术再现与设计创新

敦煌服饰艺术是中华优秀传统文化的重要组成部分，是中国乃至世界的人类宝贵文化遗产，同时也是当代创新设计取之不尽、用之不竭的宝库。如何使古老的敦煌服饰艺术焕发新活力，同时在新时代背景下，满足社会大众和纺织服装行业的要求，是对当代敦煌服饰研究学者提出的时代命题。研究表明，敦煌服饰艺术的再现与设计创新是建立在深厚理论研究基础之上的实践性研究工作，是进行创造性转化和创新性发展的可行路径。

在进行敦煌服饰艺术再现之前，对敦煌服饰文化进行全面的理论研究是必不可少的步骤。按照敦煌服饰文化所涵盖的丰富内容以及敦煌服饰艺术发展的脉络规律，从敦煌石窟的历史背景、典型人物形象、服饰历史三个方面，展开由宏观到微观、由博大到专业、由整体到个体的理论研究，为进一步进行艺术实践提供坚实的理论支撑。

敦煌石窟中包括内容丰富、数量众多的服饰人物形象，按照人物身份进行区分，大致可分为佛国人物服饰艺术和世俗人物服饰艺术两大类。前者指的是石窟中具有佛教意义形象的服饰，如佛陀、菩萨、天王、弟子、力士、飞天、伎乐人等。这些人物形象的服饰大多是依据生活实际，并加以想象和夸张手法进行艺术表现的，有的保留了印度古代服饰的特色，有的以世俗贵妇、武士等服饰为基础加以变化。世俗人物服饰艺术主要指的是故事画、经变画、史迹画中的世俗人物，以及供养人画像。这些人物服饰形象大多来源于真实历史，尤其是供养人作为出资或赞助敦煌洞窟开凿、佛教造像和壁画绘制的主体，其画像具有相对的写实性，至敦煌石窟晚期更发展成为壁画的主体内容之一。

在全面考察和分类的基础上，研究团队在典型人物服饰形象的选取方面，尊重历史事实和艺术规律，以敦煌石窟壁画中的供养人画像为主，重点研究敦煌石窟晚期壁画中数量众多、身形高大、描绘细致的供养人画像，同时兼顾时代属性、性别特征、身份地位、民族差别等多种维度和层面，试图从服饰艺术的角度反映敦煌作为丝绸之路重镇所凸显的多元文化融合的历史特质。

除了对敦煌石窟历史背景和典型人物服饰形象进行研究外，还需充分利用和研究与敦煌服饰艺术相关的舆服志、诗词、笔记、陶俑、石刻、纺织品等丰富材料，与石窟壁画等图像资料相互补充、彼此印证。正如沈从文先生所写："壁画中保存反映社会生活部分也具有承先启后作用，可以证明文献，并丰富充实文献所不足。例如，唐《舆服志》叙述社会上层妇女冠服制度，衣裙锦绣的应用，及头上大量花钗、步摇的安排，在传世画迹中多不具体。墓葬壁画和陶俑，照习惯又多只是婢仆、乐舞伎，少见官服盛装全貌。即在敦煌，盛唐时期壁画也还限于习惯，一般供养人多画得比较简单，所得知识也就不够全面。而到中晚唐、五代时，却由于统治者的权威感，留下大量完整无缺的图像材料，既可窥盛唐官服面貌，也可明白宋代这民服来源。"沈从文先生的研究充分说明了敦煌服饰艺术与中国服饰历史之间相辅相成的密切关系。由于服饰在中国历史上具有教化、德行等重要的政治和文化象征意义，历代正史中的《舆服志》大多记载了祭祀、狩猎、出征等重大礼仪场合的服装系统，即皇家后宫、大臣命妇等社会权贵阶层的礼服，而对于普通阶层、少数族裔、边疆地区等服饰关注较少。所以，加强此领域的研究，一方面，更加凸显和珍视敦煌服饰艺术资料的宝贵性和独特性；另一方面，可以对敦煌与中原地区服饰历史发展的统一关系给予正确客观的认识。

在深入研究敦煌服饰艺术时代背景和历代服饰发展历史的基础上，进行敦煌服饰艺术再现实践创作，需要面临和解决诸多工艺技术难题。研究团队着重在服装结构解析、纹样整理、面料织造、色彩染制四个方面进行深入挖掘，探索从壁画平面绘制到现实立体再现的接续和跨越，努力在现有条件下多方求证和适当解读，以期达到源于壁画、符合史实的目的，最终呈现出敦煌历代服饰在千年变迁中所形成的丰富而交融的艺术效果。

对于敦煌服饰文化的研究，不能仅停留在文化遗产的理论研究方面。敦煌服饰艺术内容丰富、形式多样，在系统、深入研究的基础上，还应该根据当代文化发展和产业发展的需要，在深入研究的基础上，对敦煌丰富的服饰文化资源进行设计创新，立足传统，服务当代，创意未来。这不仅是当代艺术设计师重要的素材来源和提高设计水平的重要方法，还是传承文化符号、重塑装饰审美的重要途径和手段，是目前文化发展和产业发展的当务之急。关于其设计应用形式，可分为显性应用和隐性应用两大类。

所谓显性应用，就是把作为灵感来源或参考原型的各个时期的敦煌服饰艺术的内容、造型、布局、纹样、色彩、表现方法等，经过选择、提炼、加工、变化、整合等手段，创新性应用于当代设计，使两者之间在外在视觉形态上存在着明显的联系，即在应用的艺术设计作品上能够直接发现、找到其参照的确切来源。显性应用虽然主要表现为根据具体内容表达的需要，把特定时期的敦煌服饰艺术元素经过选取应用于当代艺术设计，但在此过程中必须结合特定实际需要，进行适合功能、材质、色彩、表现意图的技术性改造和艺术性创造，充分发挥、强化原型图案的艺术魅力，凸显视觉的当代艺术审美。

隐性应用就是把作为灵感来源或参考原型的敦煌艺术元素，在对其内容、造型、布局、纹样、色彩、表现方法等方面进行深入分析、消化、吸收的基础上，将其上升为来自感觉、感知、精神方面的某些元素，创新性应用于当代设计中。两者之间在外在视觉形态上似乎没有直接联系，表现为含蓄、隐喻的精神方面的内在意向联系，即在应用的艺术设计作品上难以直接发现、找到其参照的确切来源，而是通过感觉才能感知到两者内在的深层意向联系。隐性应用强调通过各种变化手法使其更好地服务于当代，但这种变化必须以充分尊重、研究、强化原型元素的美感特征为出发点，在结合当代新技术、新材料，满足当代功能需要的同时，使传统敦煌服饰艺术焕发新的魅力。

对于敦煌服饰艺术的设计创新，在明确意义的前提下，找准设计对象并把握其全面特点，在形式上一方面需要认真研究原型元素，在其造型、布局、纹样、色彩的特殊美感方面进行细化分析，充分掌握其艺术特质；另一方面需要结合实际需要，进行艺术创新，使之与当代审美取向相一致。所以，敦煌服饰艺术的设计创新，主要是兼顾研究原型与应用创新。全面、深入地研究原型元素，是应用的前提和基础，也是恰当应用的必备条件。只有结合特定时代背景，对原型元素的产生原因、产生条件和文化内涵，以及特定元素的造型、布局、纹样、色彩等艺术特质进行系统研究，厘清形成发展脉络和独特的艺术表达语言手段，才能够根据当代功能需要和审美趋势，或采取显性应用形式，或采取隐性应用形式，恰到好处地把敦煌服饰艺术应用于当代的艺术设计中。

总之，敦煌服饰艺术再现与设计创新，都必须建立在一定的理论研究基础和科学依据之上，需要研究者参考文献、图像、实物等多重资料。一方面考证历代服饰制度、装饰流行和风俗习惯，对照同时期保存较为完整的纺织品实物，找到服饰结构、纹样、色彩、面料、工艺等因素的变化规律，做到有据可依、物必有证；另一方面需要深刻把握现代时尚脉搏，运用现代设计的眼光和手法，使得古老的敦煌服饰艺术再次回归现代设计舞台，展现敦煌的文化创新和时代魅力。

敦煌服饰艺术再现与设计创新，代表了敦煌艺术传承与创新的一体两面，体现了当代中华文化的自信。对于敦煌服饰文化的研究与应用，使敦煌艺术与当代生活相结合，开发既具有敦煌艺术滋养，又具有时代风尚和中国气派的现代设计，满足人们对美好生活的愿望与期待，必将有助于推动中国风格服装艺术乃至现代设计的健康发展，将启发更多的研究者、设计师砥砺前行。

崔岩

2024年6月

敦煌服饰艺术再现

设 计 师：楚 艳　崔 岩　王 可

设计助理：常 青　杨婧嫱　蓝津津　王晓彤

模　　特：李玮萱　刘家彤　王禹丁　高诗雨　张巨鹏　王青年　刘浩然
　　　　　周文政　李显辉　胡启航　陈偲昊　蓝津津　王艺璇　马祯艺
　　　　　宋威葳　张翼欧　朱震宇　高丹丹　杨立成　（巴基斯坦）阿里
　　　　　黄洪源　王 可　曲若萌　常 纳　吴治涛　方 圆　刘宇佳
　　　　　罗智毅　修子宜

造　　型：杨树云　蓝 野　周 鹏　王卫艳　林 颖　吴 琼　张明星
　　　　　高丽环　赵 璞

摄　　影：陈大公　卢 硕　杜 帅

文字说明：崔 岩　楚 艳　王 可

目录

敦煌莫高窟西魏第285窟女供养人像艺术再现

敦煌莫高窟西魏第285窟北壁绘有多身女供养人像，服饰风格修长柔媚，强调宽衣博带的飘逸美感，是当时典型的女子服饰形象。从图像表现上，女供养人梳双丫髻、单丸髻或双丸髻，上身穿圆领内衣、对襟直领大袖衫，有的附加半臂，腰束围裳及襳髾，下着间色裙，此外还包括褡带、腰带、高头履等服饰配件。

女供养人所穿着的间色裙，是用两种以上颜色的布条间隔缝制而成，形成色彩相间的服装效果，在实际穿着时裙长曳地，可以对下身比例起到修饰作用，在魏晋时期乃至隋唐时期十分流行。依据文献记载，间色裙所用布幅一般为六破、七破，最多不超过十二破。再如女供养人所服襳髾，又称为杂裾垂髾，是在围裳下施加相连的三角形飘带装饰，走动时衣带当风、如燕飞舞。《周礼正义》形容说："其下垂者，上广下狭，如刀圭。"因为三角形装饰如刀圭状，所以又名袿衣。按照以上历史依据和图像表现，在尊重壁画原有服装结构的基础上，研究团队在服装的领缘、贴袖和襳髾等处，增加了敦煌西魏时期的忍冬纹刺绣装饰，以期更好地表现此身女供养人像服饰的精致美感。

敦煌莫高窟初唐第220窟天女服饰艺术再现

　　天女服饰的总体款式为襦裙装：内着白色中单，曲领半露；上着交领大袖襦裙，袖边为石青色；下着浅绿色长裙，盖至脚面；外搭朱红色袖缘羽毛半臂，均系于裙腰之内；腰系石绿色长带，长至脚踝，围联珠纹刺绣蔽膝；着"凹"字形翘头履。此款服饰采用真丝花罗、丝麻提花、丝棉提花等面料，暗提花图案来自云纹及花草等唐代纹样。刺绣图案主要集中于蔽膝和羽饰半臂上，包括联珠团花纹、四瓣花纹、卷草纹等。服饰色彩以白色、石绿色、石青色、朱红色为主，清新雅丽。天女发髻高耸，佩戴镶嵌珠翠的对凤纹和如意云头金钗，飘扬的髻发和轻执的麈尾更加突出了天女仪态万千、闲庭信步的自在风度。

　　这身女供养人服饰总体紧窄贴身，时尚简约。上着紧身圆领窄袖小衫，外套半臂；下着高束腰间色长裙。本套服饰采用真丝素缎、真丝花罗、丝棉提花等面料制作，间裙饰印花图案。服饰色彩以浅黄色、褐色、朱磲色等暖色调为主，头饰及项链由仿珊瑚、玛瑙、绿松石等石珠串制而成。女供养人手持莲花安然跪坐的姿势体现了虔诚供养的神态。

敦煌莫高窟初唐第332窟听法王子服饰艺术再现

图中双手合十的听法王子服饰具有鲜明的域外色彩。他头戴尖顶织锦帽配刺绣饰边，身着窄袖长袍，足蹬尖头乌皮靴。研究团队根据初唐图案的特点，重新整理并以刺绣工艺呈现了装饰于长袍缘边的半团花纹。服饰采用丝麻菱格纹提花面料，大面积色彩为棕褐色，点缀上繁密绚丽的刺绣缘边图案，显得华贵敦厚、沉稳雅致。

　　此身王子的服饰承袭了上衣下裳的传统。他头戴莲花状小冠，上身内穿曲领中单，外套直领大袖衫，腰间以阔丝带系结，带端垂于前，长至膝下，裙前垂蔽膝，脚穿高齿履。服饰采用几何纹样暗提花丝织面料，色彩以浅石绿色、浅蓝色、米白色、暖灰色为主，显得低调内敛，儒雅有度。

图中的听法弟子身着常规的比丘服饰，威仪端庄。比丘内着僧祇支，外披田相纹袈裟，下着多褶裙，足蹬红色高齿履。服饰采用暗提花丝织面料，印花图案较为丰富，主要包括袈裟上的五瓣花纹和裙身上的四瓣散花纹，尤其是袈裟上的花纹造型形似梅花，以黑色、石绿色和红色等单色轮廓式平涂法表现，具有平面化的装饰意味。

　　此身供养人所着为初唐时期男子的典型装束。他头裹黑色软脚幞头，穿绯色圆领袍服，腰束紫带，足蹬乌皮靴。服饰采用团花纹丝毛暗提花面料，主体色彩为绯红，反映了唐代官服阶位的史实。手持莲花的挺拔身姿显得恭谨、干练，表现了供养人虔诚供养的神态。

画面中身材颀长的女供养人身着初唐时期典型的女子服饰。她头梳高髻，上着窄袖交领襦，披帛自双肩绕臂自然垂于两侧；束腰带，下着高腰间色长裙，着绣花履。服饰色彩淡雅明丽，以浅石绿色和石青色为主，搭配以茜色的披帛和腰带，裙腰处绣有卷草纹，在对比变化中追求和谐统一的视觉效果。

敦煌莫高窟盛唐第45窟阿难尊者服饰艺术再现

　　阿难尊者身着常规的比丘服饰，威仪端庄。上身内穿交领右衽半袖偏衫，领、袖缘边分别装饰着卷草纹和半团花纹二方连续图案，以印花加刺绣的工艺表现，体现了盛唐时期繁缛、华丽的审美特征。偏衫大身是用印花工艺点缀的五瓣小花纹，清新典雅。下穿石绿色百褶裙，底摆处有平行的金色条纹边饰，另有印花加刺绣工艺的半团花纹二方连续图案装饰，与偏衫袖缘图案相呼应。外披热烈的土红色袈裟，边缘有绿色贴边，整套服装既宽绰又不乏雅致，衬托出年轻的阿难尊者聪敏颖慧、信心满满的精神状态。

敦煌莫高窟盛唐第130窟晋昌郡太守乐庭瑰供养群像服饰艺术再现

　　晋昌郡太守乐庭瑰供养群像包括多位男供养人像和侍从像，这里选取其中的四身人物像进行服饰艺术再现。这组供养人像均穿着唐代典型的官服，即软脚幞头、圆领袍、革带和乌皮靴的组合，服饰色彩以石绿色、绛红色、茜色和白色为主，主次分明，错落有致，表现了众人尊贵有序的身份和一心供养的虔诚。

敦煌莫高窟盛唐第130窟晋昌郡太守乐庭瑰供养像服饰艺术再现

　　晋昌郡太守乐庭瑰手持长柄香炉，容貌俊朗，浓眉凤眼，胡须飘然。他头戴黑色软脚幞头，身穿绿色暗提花圆领襕袍，极具丝质材料的垂感和飘逸感；腰系黑色革带，侧面斜插笏板，脚上着黑色软靴。其装束具有唐代典型的官府公职服饰特征。

敦煌莫高窟盛唐第130窟都督夫人供养群像服饰艺术再现

　　与晋昌郡太守乐庭瑰供养群像相对的是其夫人、女儿及侍女的供养像，这里选取最为主要的五身人物像进行服饰艺术再现。整体服饰造型雍容华贵，色彩绚烂夺目，其艺术表现风格与传世的唐人绘画名作《簪花仕女图》和《捣练图》有异曲同工之妙，体现出盛唐时期以丰腴为美的审美取向。

　　位于最前面的是都督夫人太原王氏，她身着盛装，面容圆润优美，画桂叶眉，凤眼丰唇，束高耸的峨髻，髻上插饰花钗和梳篦。都督夫人身穿绿色交领宽袖短襦，外罩绛红色底花半臂，下穿红色曳地长裙，肩披米白色披巾，腰系绿色襕裆，脚穿笏头履。其服饰图案以团花纹、折枝花纹、花叶纹为主，以印花和刺绣工艺加以呈现，结合大胆的配色，显得格外华美艳丽。

敦煌莫高窟盛唐第130窟女十一娘供养像服饰艺术再现

　　位于都督夫人身后的是她的两个女儿，其一榜题为"女十一娘"。她和母亲的妆容发型相似，画桂叶眉，脸上点饰有面靥，束峨髻，髻上装饰着花钗和梳篦。女十一娘双手持花束，上穿红色交领宽袖短襦，下着绿色落地长裙，腰系红色襈襦，肩披白色披巾，脚穿五朵履，整体服饰色彩对比鲜明、华美浓丽。其服饰图案风格与其他几身女供养人像相似，均以散点状的花卉植物纹为主，体现了当时世俗化的审美观念。

　　这是都督夫人的另一位女儿，壁画榜题标注为"女十三娘"。她的面容丰满圆润，画桂叶眉，丹凤眼，脸部点饰面靥，头戴凤冠，斜插步摇，同时饰花钿和角梳。女十三娘身穿米白花色短襦，外披绿色半臂，下着织花长裙，肩披淡绿色披帛，腰间垂红色织锦襂裾，脚穿翘头履。她的服饰图案以散点状的叶片纹、折枝花纹为主，与都督夫人供养像相比，服饰色彩较为淡雅，透露出盛唐时期偏爱植物和崇尚自然的审美趣味。

敦煌莫高窟盛唐第130窟侍女供养像服饰艺术再现

　　都督夫人供养群像中共有九身侍女像，这里选取其中的两身进行服饰艺术再现。两位侍女梳双垂髻，面容稚嫩，手托花盘供养。她们均身着男式圆领袍服，束革带，穿乌靴，体现了盛唐时期女着男装的时尚潮流。其中一身侍女着石绿色袍服，上有刺绣的菱形散花纹，另一身侍女着红色圆领袍，采用朵花暗纹织物面料制作，两身人物服饰色调一冷一暖，图案一花一素，体现了一静一动、相得益彰的人物性格。

　　菩萨面容圆润丰腴，头挽双鬟髻，神情温婉慈祥。上身穿绿色圆领无袖襦衫，点缀红色和褐色的四簇小团花纹，领缘镶嵌贴边。下着绿地腰裙和长裙，装饰着卷草及团花纹边饰，扇纹裙带自腰部经腹部打花结垂落身前。肩部天衣飘垂并回绕于左肘，饰以可爱自然的花叶纹。整体服饰以绿色为基调，清新雅致，叠穿层次丰富，装饰繁缛，图案轮廓多有朦胧的白色边缘，推测以唐代夹缬工艺制作而成。菩萨优雅的姿态与华美的衣裙营造出服装的律动美感。

敦煌莫高窟盛唐第194窟异域王子服饰艺术再现

这位异域王子红发梳髻、须髯飘扬、体毛浓密，戴头饰、颈圈、手镯、足钏。其服饰由整块面料缠绕围裹而成，具有明显的东南亚及南亚地区服饰的特征。上衣通肩总覆，下着"敢曼"，面料采用伊卡特传统工艺制作，上身所裹面料图案以沙黄色为地，间以石绿色的"S"形和蓝色的"Z"形纹样；下身服饰图案分别以浅青色和褐色为地，主体纹样为石青色或石绿色的"S"形，呈现出扎经染色织物特有的朦胧美感。

　　此身昆仑王子体壮肤黑，头顶蓬松卷发，戴颈圈、臂钏、手镯、足钏，其服饰同样以不加裁剪的面料缠裹而成。上身斜缠披帛，下身缠绕出及膝短裤的样式。伊卡特纹样体现出鲜明的地域特征。

　　此位王子体态丰腴，蓄络腮胡须，气宇轩昂。他头戴镂花皮革制高冠，身着石绿色缺胯圆领袍，面料较为厚重；腰系革带，带上有带镑装饰，体现了游牧民族服饰较为紧身利落、适于骑射的特点。

敦煌莫高窟盛唐第194窟异域王子服饰艺术再现

　　此王子披发垂于脑后，头戴笼状镂空高冠，身着石青色右衽大袖上衣，领口与袖口均有宽大的边饰，装饰以联珠花纹二方连续图案，下面搭配宽松肥大的浅米色长裙和石绿色围裳，裙前饰有绿褐相间的层叠式蔽膝，足着尖头靴。虽然整体沿袭了汉族传统的上衣下裳式服制，但是人物束辫发和戴高冠等细节透露出明显的异域风情。

敦煌莫高窟盛唐第194窟异域王子服饰艺术再现

此位王子头戴尖顶立檐帽，内穿圆领褐色上襦，外罩交领右衽的窄袖翻领缺骻长袍，翻领处为石绿色内里，与深红色的袍面形成鲜明的色彩对比。其腰间系革带，带銙开孔悬垂皮带，随身吊挂着一柄弯刀，显示出游牧民族特有的生活习惯。

　　这尊观世音菩萨的形象端庄秀美，含情脉脉。因原壁画中人物服饰色彩已大部分变黑，因此在进行复原时参考同时期壁画人物形象进行了合理推测。菩萨头戴火焰形化佛冠，身披璎珞，上身穿绿色右袒式僧祇支，边缘有半团花二方连续纹样装饰，围腰袄，系有精美的嵌红、蓝宝石腰带。下着绿色腰裙和深红色散花长裙，裙摆处镶饰红色或蓝色贴边，并配有红色裙带在膝部打花结垂至身前。肩披青色丝质天衣，交互搭于两臂弯后垂下，使整套服饰动感十足，飘飘欲仙。

敦煌莫高窟晚唐第144窟女供养人像艺术再现

此为晚唐第144窟主室东壁的女供养人，敦肃典雅，是地位显赫、身份尊崇的贵族女性形象写照。供养人神情端穆，脸庞圆润，黛眉纤细，双目有神，绛唇饱满，略施胭脂，面相雍容，其双手相握，持长柄香炉。

从服饰造型上来看，供养人头戴牡丹花、角梳、发簪、花钗，梳百花髻。服装形制为交领式大袖裙襦，内着素练中单，上着红色大袖襦，大袖层叠；下着曳地长裙绿裙，裙腰至胸上，腰头饰团花纹，盖至脚面；系缀珠长带，垂至胫中；着浅色云头履。画面中人物妍丽圆润，色彩鲜明丰富，服饰搭配讲究，彰显仪礼端庄的晚唐贵妇形象。

　　这是敦煌莫高窟晚唐第9窟主室东壁门北侧的一身女供养人，形象和服饰褪色较多，可辨人物头束圆髻，两侧插簪、钗，颈部有月形串珠项链，所穿是襦衫、裙和披帛的搭配。她回首顾盼，手中花盘所供是一个丰硕的石榴，既有丝路物产特色，又有装饰效果。大袖衫上的主体图案为菱形格框折枝花叶纹，色彩已褪。内衣领缘、大袖衫袖缘均有半破式团花纹二方连续装饰，裙腰也装饰了类似的团花纹。披帛纹样模糊，仅有石青色残留。下穿石绿色鱼鳞式裙，填饰折枝花叶纹。足蹬红色花头履。女供养人像服饰纹样几乎为满饰，虽然色彩清新，但是仍然给人花团锦簇的印象。

曹议金，唐末五代沙州人，是归义军节度使索勋之婿，张议潮之外孙婿。自后梁乾化四年（914年），曹议金取代了西汉敦煌国张承奉，执掌瓜沙政权。他去除敦煌国国号，重新恢复归义军的藩镇建制，仍奉中原王朝为正朔，成为曹氏归义军时代的开创者。

安西榆林窟五代第16窟曹议金供养像所着官服外观搭配，由幞头、袍服、革带和靴四大部分组成，基本承继了唐代官服系统，在此基础上又有一些新的变化。幞头是我国古代男子首服之一，于南北朝晚期出现，历经唐、宋、元、明各代，直至清代初期被满式冠帽所替代。纵观敦煌壁画，幞头的形象始自北周，终于元代，历代延续而形制不一。曹议金供养像所戴幞头顶部呈有棱角的方形，反映的是幞头内部加衬木山子和外施漆纱的情况，幞头二脚由原来的宽短型发展为窄长型，即从硬脚幞头发展到展脚幞头。所着红色圆领袍为中袖，其纹样主要表现在衬领处；腰间束带，斜插笏板，体现出曹议金作为官员的身份特征。

依据唐朝对于官服的材质和图案的规定，官服应该是有暗花纹的。如《新唐书》所载："袍袄之制：三品以上服绫，以鹘衔瑞草、雁衔绶带及双孔雀；四品、五品服绫，以地黄交枝；六品以下服绫，小窠、无文及隔织、独织。"这里提到的"绫"指的是一种斜纹地的暗花织物，是唐代最为盛行的丝织品之一。因此，曹议金供养像中所着虽为无花纹的红色圆领袍，但是根据文献的记载判断，当时的官服应该都是有花纹的，或者与敦煌文书中反复提到的"楼绫"或"楼机绫"有关，只是限于壁画绘制本色暗花织物效果的局限而没有完整表现出来。因此，研究团队采用唐代流行菱格纹样的斜纹暗提花丝织品作为圆领袍底料，增加了整体服饰艺术再现的丰富性。

敦煌石窟中出现的回鹘公主是甘州回鹘可汗之女，后嫁与归义军节度使曹议金为妻，自称"秦国天公主陇西李氏"，也称"回鹘公主"。回鹘公主经常参与佛教法会活动以及敦煌石窟的开凿和建设，所以在壁画中留下了许多大型供养像。

从壁画中看，回鹘公主供养像面部饰有面靥，佩戴项链和耳环，戴桃形冠，冠上的主体纹样为凤纹，另外在鬓上簪花钿，左右各插一云头步摇。人物头发在装扮时以红绢带束起结在头顶正上方，红绢带后垂至背部，甚至腿部。这与《新五代史》中回鹘夫人"总发为髻，高五六寸，以红绢囊之；即嫁，则加毡帽"的记载相吻合。回鹘公主身着圆领内衣，外罩小袖、收口的翻领长袍，在领子和袖口绘有造型相似的凤纹。

根据《旧唐书·回纥传》的记载：太和公主衣胡服"绛通裾大襦，皆茜色"，结合敦煌莫高窟五代第98窟回鹘公主供养像着土红色圆领拖裾长袍的表现，最终研究团队在对此身女供养人像服饰进行艺术再现时，采用了明丽的茜红色作为袍服色彩，并整理和刺绣出领部和袖部的凤纹图案，以求更加符合服饰历史原貌和凸显人物艺术风格。

　　敦煌莫高窟五代第98窟所绘多身女供养人均为曹氏家族姻亲眷属，她们竞相仿效盛唐后妃装束，追求华丽高贵、精致繁琐的风格。

　　研究团队选取其中一身女供养人像进行服饰艺术再现，一方面，通过繁复的头饰、颈饰来突出表现服饰整体的隆重华贵；另一方面，在服装面料的选择上以当时流行的团花暗纹提花丝织品为底料，整理出雁衔花枝、折枝花、云纹、宝相花纹等图案。此时服装上的动物纹已经退居其次，而以大面积的植物纹为主，显得花团锦簇、热闹非常。《敦煌文书》P.2880《习字杂写》中提到一种织物，名为"闹花楼机绫"，这是一种花纹稠密的纹样。在敦煌藏经洞出土的纺织品实物中，不乏这样的例子，且多为刺绣制品，如白色绫地彩绣缠枝花鸟纹、淡红色罗地彩绣花卉鹿纹等，据此推测壁画中女供养人像上衣所绘纹样以刺绣工艺制作的居多。

敦煌莫高窟五代第98窟女供养人像艺术再现

于阗国王本名为尉迟沙缚婆，从《旧唐书》中的《尉迟胜传》可知，天宝中，于阗国王尉迟胜曾入唐觐见，"玄宗嘉之，妻以宗室女"。天宝十四年（755年）安史之乱爆发，尉迟胜曾亲率五千兵赴唐救援。因为这一段与唐朝交往的历史，所以李圣天"自称唐之宗属"，即使唐朝灭亡后仍沿用"李"姓。其在位期间，与沙州归义军曹氏政权联姻，娶曹议金长女为皇后，并通过与归义军政权的交好实现了与后晋王朝的邦交。敦煌莫高窟五代第98窟于阗国王及皇后供养像着重表现了这对帝王夫妇盛装礼佛的场面。

壁画中，于阗国王头戴六旒玄冕，冕板上面有北斗七星、五宝珠，冠卷通体为蟠龙纹，垂长短不一的璎珞。他身着上衣下裳，上衣为玄色，两肩绘日、月，衣襟上有对称的黻纹（两弓相背），左右两袖上分别饰龙纹、虎纹，其中一袖下侧为黼纹（斧形）和粉米纹，下裳为深红色，无纹。蔽膝依中原汉族帝王服制，加饰三爪龙纹和云纹，着高头双齿履，佩剑，并佩戴耳环和指环。于阗皇后做汉装打扮，戴高耸的莲花凤冠和层层叠叠的璎珞式项饰，穿大袖衫和长裙，披雀鸟衔折枝纹披帛。最引人注目的是两位供养人像服饰以丰富的绿玉为饰，彰显了人物的尊贵身份和于阗当地的物产特色。

虽然于阗皇后供养像中所绘褐色大袖衫无纹样，但是据P.2638号《后唐清泰三年（936年）六月沙州僦司教授福集等状》第42行载"破用数，楼机绫壹疋，寄上于阗皇后用"可知，在归义军节度使曹元德统治时期，沙州僧团根据官府指令，曾寄给于阗皇后一匹楼机绫。楼机绫指的是用楼机，即束综提花机织造的斜纹丝织物。因为楼机绫织造过程复杂、图案含蓄精美、价格昂贵，所以是敦煌地区上等的丝织品，并非一般人可以享用。据此推测，壁画中于阗皇后所着的无纹袍衫也许是楼机绫所制。因此，研究团队在进行于阗皇后服饰艺术再现时，使用团花纹样的斜纹暗提花丝织品作为大袖衫底料，以更加符合史实和人物的身份地位。

回鹘族是现今新疆维吾尔族的前身，唐朝时在西北地区建立政权，五代至宋代活跃在瓜州、沙州地区。10世纪后期至12世纪初，世代居住在瓜州和沙州的回鹘部落逐渐形成强大的势力，在1037—1068年建立了沙州回鹘政权，并大肆兴建和重修敦煌石窟，因此在敦煌壁画中留下了丰富的回鹘图像。

例如，这身敦煌莫高窟沙州回鹘第409窟回鹘王供养像，气宇轩昂，尽显帝王气派。他身着圆领窄袖锦袍，以团龙纹为饰，形制类似唐代帝王朝服。头戴尖顶金镂高冠，这是一种仿古波斯风格的尖顶形金冠，以红组缨系于额下。这种高冠用毛毡制作，初唐由来自西域的波斯商人带入中原，在长安相当流行，也受到女子的青睐。腰间束蹀躞带，上缀方形带銙，下垂短剑、小刀、火石及解结锥等物。蹀躞带在唐代流行，五代至宋代在西北地区的少数民族中依然盛行不衰，多是由王朝赠与的礼品，作为一种宠信的象征。回鹘王的蹀躞带，可能也来自中央政权或节度使的赠品。

回鹘冠服礼制的另一重要标志，是以锦袍的纹样区别等级的高下，王者以龙纹为饰，贵族高冠以团花为饰，其余以瑞花、散花为饰。因此，研究团队以同时期的团龙纹为参考，整理并以刺绣工艺表现，突出了这位少数民族政权首领的王者风范。

刘元风设计作品

刘元风，北京服装学院教授，毕业于原中央工艺美术学院（现清华大学美术学院）。发表学术论文70余篇，出版著作（含教材）9部，主持国家社会科学基金艺术学重点项目、国家艺术基金人才培养项目等十余项国家级和省部级科研项目。主编教材《服装艺术设计》于2009年被教育部推荐为国家精品教材；2010年，获"国家级教学团队奖"；2012年，主持申报并获批服务国家特殊需求博士人才培养项目"中国传统服饰抢救传承与设计创新"；2014年，教学成果"服装创新教育——基于'艺工融合'的人才培养模式改革"荣获"国家级教学成果二等奖"。主持完成2008年北京奥运会、残奥会系列服装设计，中华人民共和国成立60周年和70周年群众游行方队及志愿者服装设计，2014年亚太经合组织（APEC）会议领导人服装设计，第三届丝绸之路（敦煌）国际文化博览会展演等多项国家重大服装研发设计项目。

设计说明

1992年，学校组织参加香港时装文化节时，我的参展作品就是从敦煌服饰图案中汲取的设计灵感。一直到在北京服装学院工作以来，每一次重要的学术研究活动，设计作品也都是从传统文化、民族民间艺术中得到设计启示。可以说，对于敦煌艺术的长期关注和研究，意味着对于中华民族传统文化特别是服饰文化的热爱，以及对于民族文化本体的一种回归和追寻。有一种说法我觉得很有道理，就是"只有传承得好，才能创新得好。"

敦煌元素服装设计（香港时装文化节），1992年

敦煌元素服装设计（香港时装文化节），1992年

敦煌山庄工作服设计，1996年

2013年，在《敦煌意象》系列服装设计（"垂衣裳——敦煌服饰艺术展"）中，我的设计灵感来源于对敦煌艺术的一份情感和一份敬畏，在此基础上再转化为一种传承的责任和创新的使命。有了这种前提，设计思维和设计方式往往会有新的突破。

《敦煌意象》系列服装设计（"垂衣裳——敦煌服饰艺术展"），2013年

《敦煌意象》系列服装设计作品：4~14世纪，在自十六国至元朝十个历史时期的敦煌莫高窟的壁画和彩塑中，由于社会经济的发达和文化艺术的空前繁荣，唐代成为敦煌石窟艺术发展的鼎盛时期。社会的开放，中外文化的交流，表现在服饰上尤为丰富多彩，在服饰的装饰图案中，其单独纹样、适合纹样、二方连续和四方连续纹样都非常精美。在纹样的内容上，从植物图案、动物图案、风景图案到几何图案应有尽有。因此，在此次设计上着力选择了唐代具有典型性的装饰纹样作为设计元素，同时融入当下服饰流行时尚形态，表达其传统服饰文化的当代性，寻找民族文化与现实生活的相互关照。"我的设计理念是将敦煌艺术的精神内涵、美学意蕴与当代设计的形态美感有机融为一体，使之在传承与创新上把握好时代设计的走向，既立足传统，又着力创新。"

《敦煌意象》系列服装设计作品，2018年

《敦煌意象》系列服装设计作品，2018年

《敦煌意象》系列服装设计作品，2018年

《敦煌意象》系列服装设计作品，2018年

《敦煌意象》系列服装设计作品，2018年

《敦煌意象》系列服装设计作品，2018年

《敦煌意象》系列服装设计作品，2018年

《敦煌意象》系列服装设计作品，2018年

《敦煌意象》系列服装设计作品，2018年

《敦煌意象》系列服装设计作品，2018年

《敦煌意象》系列服装设计作品，2018年

《敦煌意象》系列服装设计作品，2018年

《敦煌意象》系列服装设计作品，2018年

《敦煌意象》系列服装设计作品，2018年

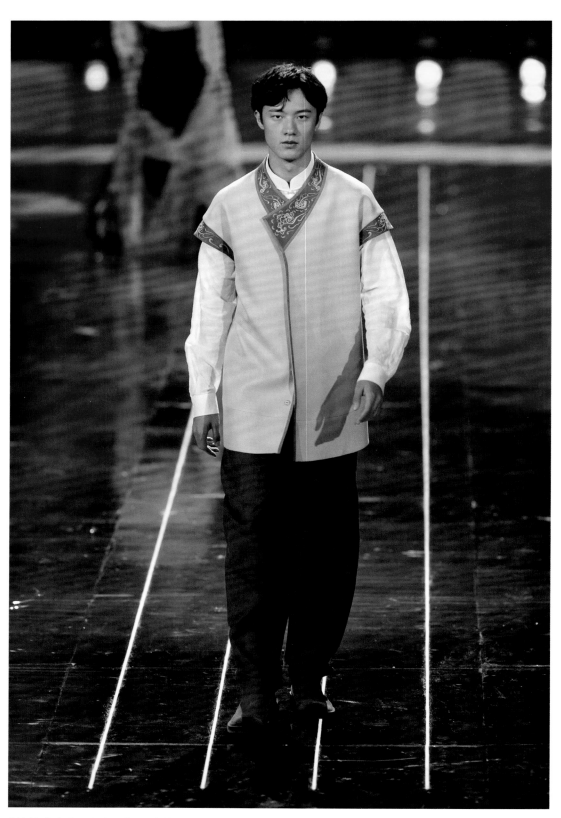

《敦煌意象》系列服装设计作品，2018年

楚艳设计作品

楚艳，艺术学博士，北京服装学院新时代中国美研究院院长，教授，"楚和听香 CHUYAN"品牌创始人及艺术总监，敦煌服饰文化研究暨创新设计中心副主任。致力于推动传统文化艺术在现代生活中的应用，近年来从事中国传统服饰传承与创新的研究与探索，十多年的设计生涯中曾多次获得国际、国内设计类大奖。

设计说明

从研究和复原敦煌莫高窟壁画上的唐代供养人服饰中发掘灵感，并从中整理出经典的大唐服饰元素。在保留高腰襦裙、大袖短袄等经典的唐代服制原有形态的基础上，以更现代、更简约的时尚设计手法呈现。此外，唐朝服饰色彩不但发扬本民族的特色，还吸收了其他外来文化中的有益成分来扩大和充实自己。唐代通过对本民族及对各国色彩文化的吸收和整理，达到了中国色彩史的巅峰，尤其是唐代敦煌壁画上层晕叠染、变化多样、富丽浓郁的色调，为现代设计带来许多色彩设计上的灵感。

《五色鸣沙》（"垂衣裳——敦煌服饰艺术展"），2013年

《丝路寻迹》系列服装设计作品，2018年

《丝路·丰途》系列服装设计作品，2018年

《丝路寻迹》系列服装设计作品，2018年

《丝路·寿迹》雕刻服装设计作品，2018年

《丝路寻迹》系列服装设计作品，2018年

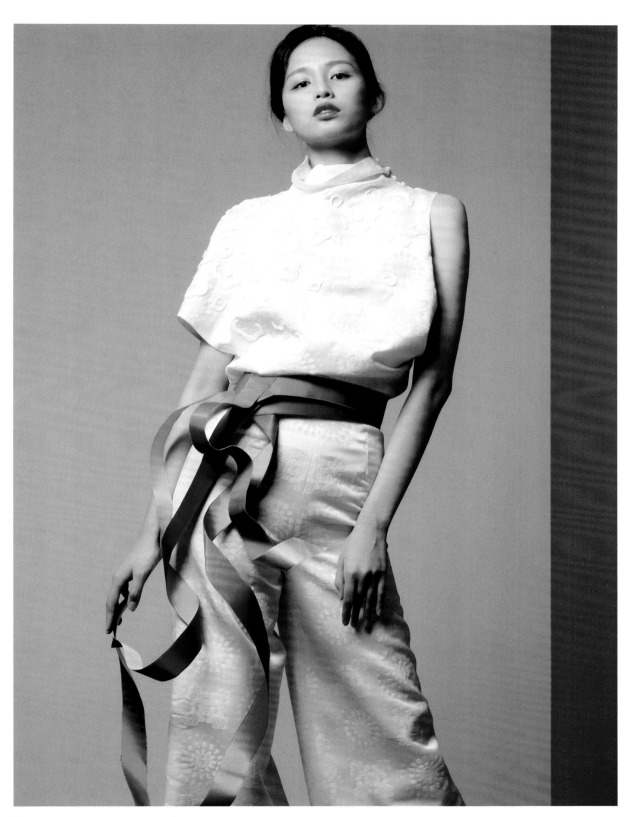

《丝路·寻迹》系列服装设计作品，2018年

《丝路寻迹》系列服装设计作品，2018年

《丝路·寻迹》系列服装设计作品，2018年

《丝路寻迹》系列服装设计作品，2018年

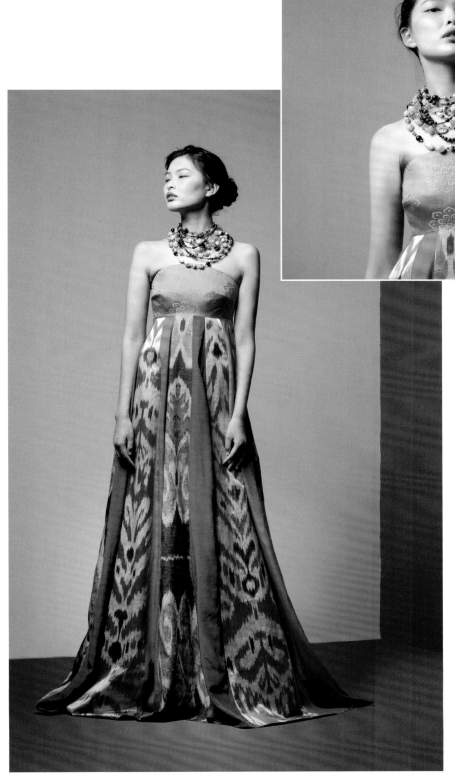

《丝路·玉莲》系列服装设计作品，2018年

李迎军设计作品

李迎军，艺术学博士，清华大学美术学院副教授、博士生导师，中国流行色协会理事，时装艺术国际同盟常务理事委员，中国敦煌吐鲁番学会会员，敦煌服饰文化研究暨创新设计中心研究员，中国服装设计师协会会员，法国高级时装协会学校访问学者。出版著作五部、发表论文数十篇，在"北京时装周""中国非物质文化遗产服饰秀""江南国际时装周"发布系列作品，参加"北京国际设计周""艺术与科学国际作品展"等数十项专业展览，设计作品荣获多项国际、国内专业竞赛奖项。

设计说明

从乐僔和尚驻足三危山到无数无名艺术家成就莫高窟的辉煌，从成为遗弃在关外的孤城到一百多年前再现人世，千余年的时光见证着敦煌的兴衰轮回。时装画《御风》系列通过简洁的绘画语言表现敦煌的斑驳与沧桑，探究敦煌艺术在当代丰富的显现形式。

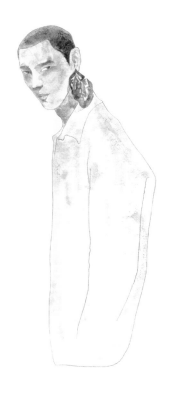

《御风》时装画，2018年

《御风》时装画，2018年

《御风》时装画、2018年

《御风》时装画，2018年

设计作品《禅定》，身处闪耀着璀璨艺术光辉的莫高窟千佛洞之中，反而感觉到内心无比的安静平和。设计师尝试以最为平和的心态与手法，借助服装的造型语言表现这个带给我们无限创作激情的古代文明。

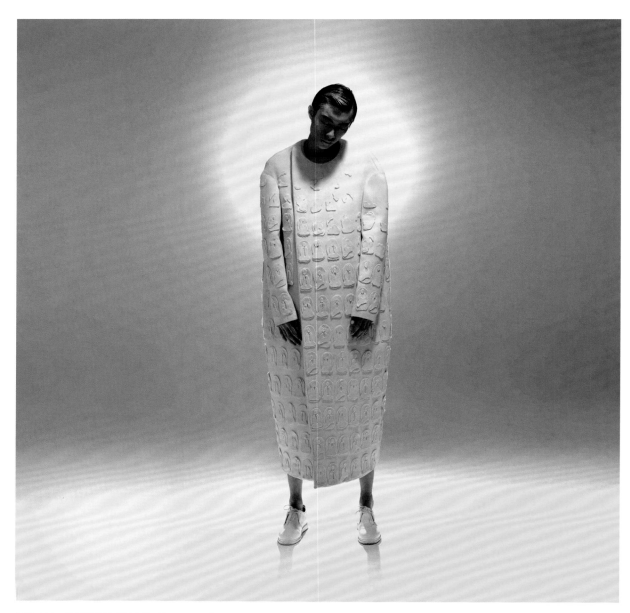

《禅定》系列服装设计作品，2015年

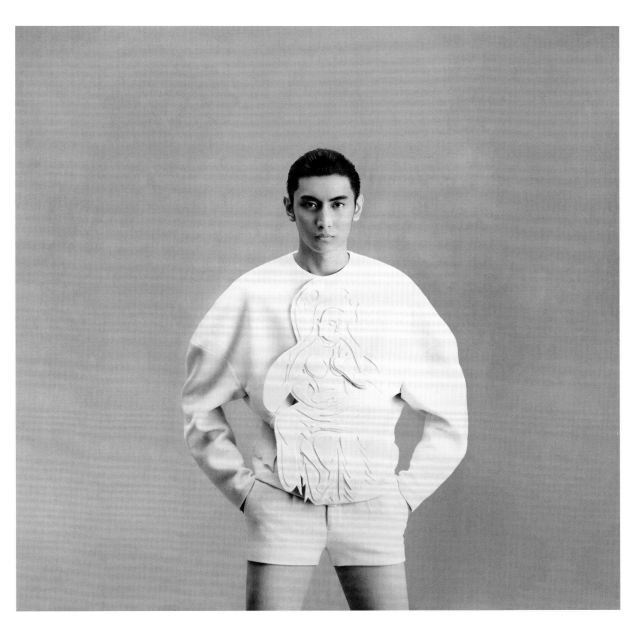

《禅定》系列服装设计作品，2015年

设计作品《朝花夕拾——莫高》以敦煌莫高窟壁画中的经典图像为载体，借助中国非物质文化遗产的精湛技艺，通过与潮绣、缂丝、苗绣传承人合作，赋予古老的"非遗"技艺以鲜活的时代特征。这场设计师与"非遗"传承人的设计合作既是一场激烈的传统与现代的思想碰撞，也是探索"非遗"传统在当代乃至未来价值的一次有益实践。

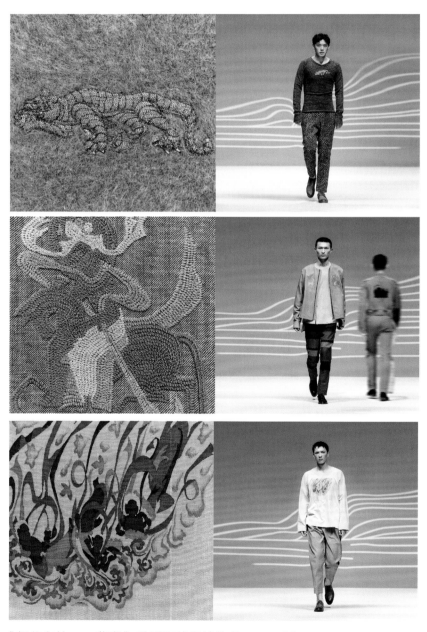

《朝花夕拾——莫高》系列服装设计作品，2016年

设计作品《御风飞翔》旨在通过全新的视角与方法探索敦煌艺术在当代社会的国际化价值。该系列作品以飞天为载体，借助当代社会语境下的跨国家、跨文化的合作形式，呈现文化传播过程中出现的多种"变化"，进而通过服装语言将文化传播、交流、创造的过程物化。

《御风飞翔》系列服装设计作品，2018年

《御风飞翔》系列服装设计作品，2018年

《御风飞翔》系列服装设计作品，2018年

《御风飞翔》系列服装设计作品，2018年

《御风飞翔》系列服装设计作品，2018年

《御风飞翔》系列服装设计作品，2018年

在《一刹那》服装设计作品中，20世纪初的照相技术第一次记录了当时满目疮痍的敦煌，而对于当下世界来说，那些斑驳的黑白照片也成为百年前的历史瞬间。设计作品以百年前照片中的敦煌图像为底色，有着工业文明特征的塑料亮片聚集成飞天的形态，这是飞翔在敦煌上空的精灵，还是萦绕在莫高窟上的"工业雾霾"？设计作品希望借助服装的语言引发关于工业社会中敦煌艺术未来的思考。千年一刹那，我们才是莫高窟前匆匆而逝的过客。

《一刹那》服装设计作品，2019年

吴波设计作品

吴波，清华大学美术学院教授，博士生导师；中国服装设计师协会学术委员会委员，中国美术家协会会员；中国民间文艺家协会民族民间歌舞艺术委员会学术委员、理事；北京青年艺术发展促进会设计专委会学术委员、副主任；全国高校艺术教育专家联盟主任委员；山东省非物质文化遗产研究中心研究员、学术委员会委员；致力于服饰文化与创新设计研究，跨界装置、纤维、绘画等艺术创作；作品多次参加全国美展、艺术与科学国际作品展、联合国教科文组织设计大展等展览；在国际、国内赛事中多次获金、银奖；已发表论文五十余篇，著有《服装设计表达》《服装效果图与时装画》等高校精品教材；作为执行主编编撰、合著国家社科基金艺术学项目《敦煌服饰文化图典·盛唐卷（下册）》等中国传统服饰文化系列丛书。

设计说明

那些经过时间的沉淀，在敦煌壁画中留下的岁月痕迹也成为我设计灵感的一部分。敦煌的厚重感是现当代作品中很难模仿的，我想在设计中融入时光荏苒的感觉，要有斑驳，有烟熏变化的味道和质感，由时间的轨迹去寻求敦煌蜕变的过程，更好地讲述敦煌故事。

在《经·变》设计作品中，我希望呈现出平面到立体之间的切换，在传统中式平面剪裁与西式立体裁剪结合的造型中，还原和延伸这种空间感。还有，具象到抽象之间的变化是我一直喜欢沿用的设计语言，从材质、图案出发，通过折叠、印压、复合、褪色等手段，在保持物料相对完整的前提下，完成对人体塑形的需要，并保持材料的特性，使其物尽其美。

我强调敦煌文化的内涵，除了宗教的底色外，希望服装设计作品中有敦煌的书法、绘画、诗歌及人文历史等更加丰富的感觉，来表达我心目中的"敦煌意象"。

《经·变》时装画，2018年

《经·变》服装设计作品，2018年

《折叠空间》时装画，2018年

《折叠空间》服装设计作品，2018年

《和》服装设计作品，2018年

《鸣沙》系列服装设计作品的设计灵感首先源于图案。敦煌壁画有许多图案，这些富有秩序感的形式，是古人对这个变化多彩的世界的一种智慧概括。大量几何纹样、植物纹样中，色彩、线条、形象十分概括凝练，纵横往复之间，看似相同的元素，其实均有细微的差异，体现出画工手工描绘的特色。

《鸣沙》系列服装设计作品，2018年

《鸣沙》系列服装设计作品、2018年

张春佳设计作品

张春佳，北京服装学院敦煌服饰文化研究暨创新设计中心副研究员，中国敦煌吐鲁番学会理事，敦煌研究院美术研究所客座研究员，敦煌研究院美术史博士后，主要从事敦煌石窟装饰艺术及创新设计研究，出版专著《敦煌莫高窟唐代团花纹样研究》，发表论文《莫高窟北朝忍冬纹样的艺术特征》等二十余篇。

设计说明

九色鹿系列设计的灵感主要来源于敦煌莫高窟的团花和卷草纹样，采用不同的手法进行创新再现，提取线条造型和色彩以及典型结构，以面料的手工染色、印花、织花等方式呈现。色彩取材自北朝和唐代洞窟的青绿色调，如莫高窟第254窟的中心塔柱龛楣和背光，第257窟的山峦河流，第103窟的青绿山水等，以石青、石绿为主，混合普兰、群青等类似色，形成青绿色调。使用真丝绡和绡缎为主的面料，希望能够将壁画的优美线条以立体的方式表现在服装的褶皱上；利用面料半透明的质感，将哑光的不规则肌理和平滑的织物组合。将中古壁画内容以当代的方式呈现在具体的服装层次与结构上，力图在传统艺术和当代设计之间寻求一些共通的表达元素和表现方法。

《九色鹿》时装画，2018年

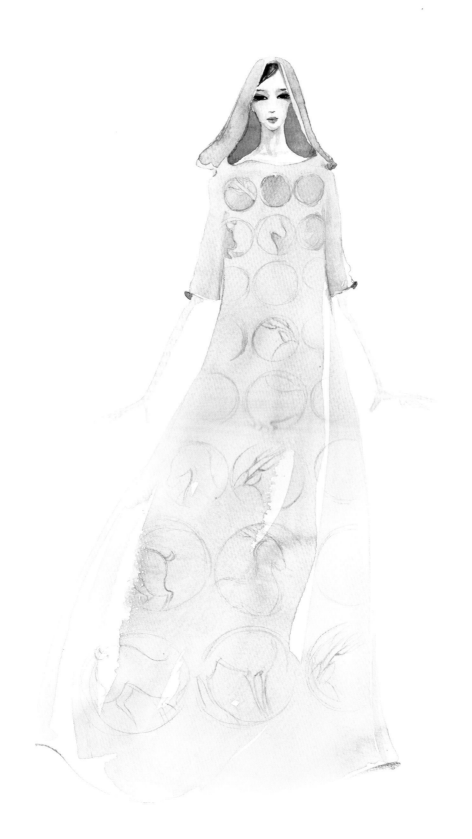

《九色鹿》时装画，2018年

《九色鹿》时装画，2018年

《九色鹿》系列服装设计作品，2018年

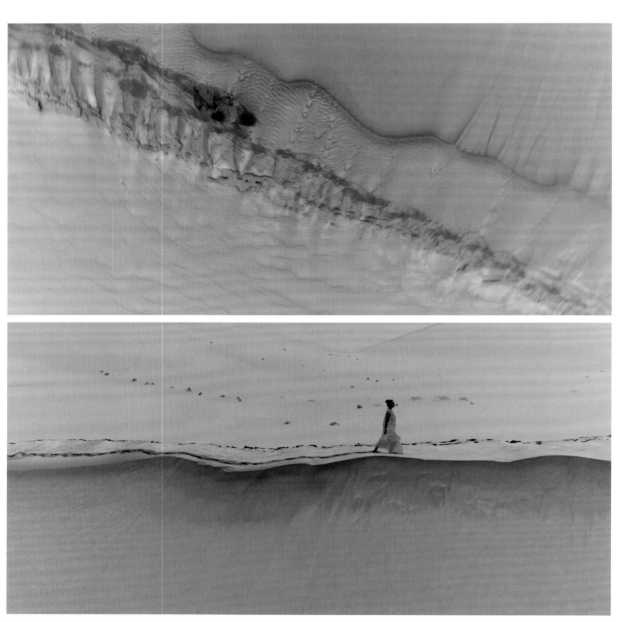

《九色鹿》系列服装设计作品，2018年

《九色鹿》系列服装设计作品，2018年

《九色鹿》系列服装设计作品，2018年

《九色鹿》系列服装设计作品，2018年

《九色鹿》系列服装设计作品［第三届丝绸之路（敦煌）国际文化博览会"绝色敦煌之夜"展演］，2018年

《如逢花开》时装画，2022年

《如逢花开》时装画，2022年

《如逢花开》时装画，2022年

《如逢花开》系列服装设计作品，2022年

崔岩设计作品

崔岩，博士，北京服装学院敦煌服饰文化研究暨创新设计中心副研究员，中国敦煌吐鲁番学会会员，中国工艺美术学会民间工艺美术专业委员会会员，中国文物学会纺织专业委员会会员。出版专著《敦煌五代时期供养人像服饰图案与应用研究》，编著《常沙娜文集》（合著）、《红花染料与红花染工艺研究》（合著），译著《日本草木染——染四季自然之色》（合译），曾在《艺术设计研究》《丝绸》《敦煌研究》等刊物上发表多篇论文。任第三届丝绸之路（敦煌）国际文化博览会"绝色敦煌之夜"敦煌服饰艺术再现展演主创设计师，设计作品曾在中国、日本、法国多地展览。参与国家社科基金艺术学项目、国家艺术基金、国家出版基金等多项国家级课题。主持完成国家艺术基金青年艺术创作人才资助项目、教育部人文社会科学研究青年基金项目等国家级和省部级课题。

设计说明

敦煌莫高窟是历史内涵和自然景观相结合的世界文化遗产。《走进敦煌》丝巾设计便以九层楼为代表的莫高窟崖面窟室、沙丘、宕泉河、驼队为主题，描绘了在沙丘万壑中屹然伫立的莫高窟，以及心怀笃定信仰行人的朝圣之旅。主题画面周边绘制富有唐代装饰风格的二方连续图案，伴以祥云间不鼓自鸣的种种乐器，带领着观者走向瑰丽神秘而又充满魅力的敦煌艺术。

《走向敦煌》丝巾设计，2013年

华盖，又名花盖，是以花装饰的伞盖。在中国传统文化中，华盖是古代帝王出行的仪仗之一；在印度文化中，华盖代表着权位。这种传统后来影响到佛教，如佛教早期图像中常以华盖、菩提树、足印等符号象征佛陀"圣身"。佛法中的华盖有令众生清凉之意，故在敦煌艺术中有大量描绘华盖的形象，常绘于佛、菩萨的上方。

《盛世华盖》丝巾设计以敦煌盛唐壁画中的华盖为主题创作元素，突出表现织物层叠、璎珞遍饰、垂幔如虹的华美风格，色彩配置以退晕渐变为主，富丽堂皇。丝巾边缘装饰的连蔓璎珞和四角的宝珠火焰，更增加了飘逸、灵活的情致，是一款将敦煌艺术与丝巾装饰巧妙结合的设计作品。

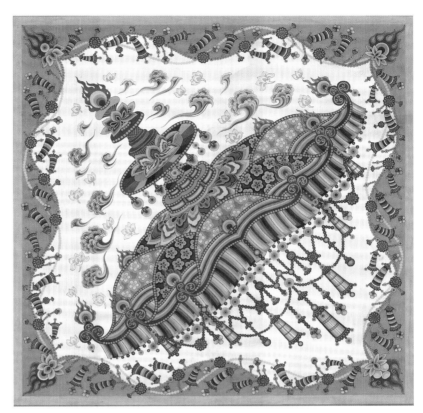

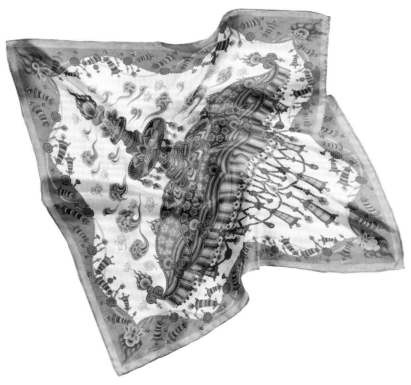

《盛世华盖》丝巾设计，2014年

《敦煌花雨》丝巾作品的设计元素来自敦煌壁画中的散花图案，相比起其他主题的装饰纹样，散花图案的表现更加自由和灵活。它不拘泥于一定的装饰面积和构图组织，所呈现出的造型自然活泼，既接近于自然界花草的形态，又经过简练、概括、夸张和平面化的处理，比自然形更具装饰趣味和艺术魅力。

　　丝巾首尾装饰着以二方连续形式呈现的卷草纹，在翻转卷曲的花叶中，华美的凤鸟穿插飞翔。鲜明饱满的色彩，细腻富丽的退晕，与大面积的散花图案对比呼应，共同组成了这幅充满鸟语花香的生动景象。

《敦煌花雨》丝巾设计，2014年

《妙色璎珞》丝巾的设计主题为敦煌壁画中菩萨身饰的璎珞。璎珞传自古印度，古印度的王公贵族常把珠宝串联起来，装饰在身上，后来这种佩饰习俗被佛教造像所吸收并传入中国。

敦煌佛教艺术中也常用璎珞装饰菩萨和伎乐天的形象，突出庄严、华美的效果，以表现佛法的"无量光明，百千妙色"。璎珞的造型款式复杂、繁丽，通常以金属项圈为基础，在项圈的周围悬挂各种宝石串饰，并以退晕的巧妙方式表现珠宝晶莹剔透的质感。平衡对称的色块构图和灿若明星的珠宝璎珞，为整幅丝巾带来华丽、富贵的装饰美感。

《妙色璎珞》丝巾设计，2015年

敦煌飞天是源于印度佛教文化和中国本土式表达的综合体，是充满浪漫主义色彩和气韵生动精神的审美符号。作为故宫博物院主办"梵天东土·并蒂莲华：公元400—700年印度与中国雕塑艺术展"的随展文创品，《翱翔飞天》丝巾便以飞天为主题进行设计。画面中的八身散花飞天衣裙飘飘，围绕着莲花、卷草和火焰形成的花盘翩翩飞舞，富有流动感和韵律感，搭配以四周的几何抽象莲花瓣纹，表现了丝绸之路上多元文化的交流互鉴。

《翱翔飞天》丝巾设计，2016年

《九色鹿》丝巾的设计主题来自世界闻名的敦煌莫高窟北魏第257窟壁画，壁画素材来自《佛说九色鹿经》，主要故事内容为九色鹿救了一名落水人，但是被背信弃义的落水人所出卖，最终九色鹿仗义执言，使落水人受到了应有的惩罚。虽然这铺壁画源自佛教故事，但是被画师绘制为一幅长卷式连环故事画，其引人入胜的情节、优美动人的造型和惩恶扬善的主旨在一千多年间打动了无数的观者。

作品采取边框和中心相结合的构图方法，边缘由来自敦煌壁画中的四个主要场景构成，分别为九色鹿在河中救人、九色鹿被王后梦见、九色鹿在山间小憩、九色鹿向国王陈词，用富有象征意义的九色鹿和优美的山水环境来串联和推动整个画面的故事发展。作品中心采用散点构图，用富有吉祥含义的花卉、忍冬等纹样穿插其中，令构图在统一中富有变化。

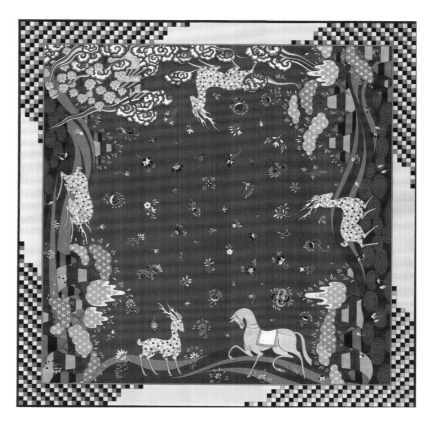

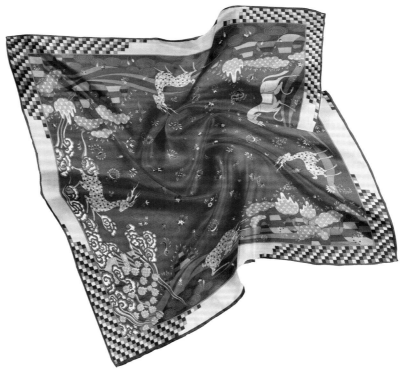

《九色鹿》丝巾设计，2019年

王可设计作品

王可，博士，敦煌服饰文化研究暨创新设计中心助理研究员。曾参与国家社会科学基金艺术学项目"敦煌历代服饰文化研究"、国家艺术基金项目"敦煌服饰创新设计人才培养"。主持北京社科基金青年项目"故宫博物院藏伊卡特起绒织物研究"、清华大学艺术与科学中心柒牌非物质文化遗产研究与保护基金项目"敦煌石窟壁画中的伊卡特织物研究"。主要从事中国传统服饰文化研究与设计创新。

设计说明

《瞬·逝》系列作品以敦煌莫高窟飞天形象为灵感，结合伊卡特染织工艺呈现出的参差、重叠、交错等丰富的视觉语言进行服装设计。伊卡特语言所描绘出来的视觉效果特别能够表达瞬逝感，就像敦煌莫高窟历经千年，很多画面都已漫漶不清，原本真实的面貌渐渐离我们远去，这个日渐模糊的过程中就可以使用伊卡特语言来记录这些瞬间。因此，在创新设计的过程中，将飞天以及千佛这些相对具象的图像使用伊卡特语言重新讲述，传达出交织杂错、虚无缥缈的"艺术意境"，以期能够借由伊卡特语言移情至正在流逝的敦煌莫高窟中，同时留下飞天绕壁的瞬间，最终呈现出这组系列设计作品。

《瞬·逝》服装设计作品，2022年

《瞬·逝》服装设计作品，2022年

常青设计作品

常青，北京服装学院博士研究生，致力于中国传统服饰文化及设计创新研究、敦煌石窟服饰艺术研究。发表《多元融汇与共生——敦煌盛唐菩萨像服饰造型特征研究》《图像与仪式——北朝隋代佛教中的穿壁图像研究》等论文，服装设计作品获第一届中国国际华服设计大赛金奖、第八届"大浪杯"中国女装设计大赛银奖。

设计说明

"仁者乐山，智者乐水"，中国人自古便居山而乐水。不仅如此，在中国的西北，还有一处理想世界里的奇山秀水。一千多年间，每个时代都在敦煌石窟留下了山水画迹，那是曾经繁华丝路、山间行旅、驼铃声声的真实写照。主题为《行于山水之间》的系列服装设计，从敦煌壁画的奇山秀水中寻找灵感，仿佛行走进历史深处，感受华戎交汇的传奇。从敦煌山水面中提取设计元素，在服装廓型上，以流畅的弧线为主，曲中有直；在服装结构上，采用对襟、交立领、通袖等中国传统服装结构，通过解构的造型方式，寻求协调均衡的美感。整体设计旨在表达具有当今时代风韵的"锦衣华裳"。

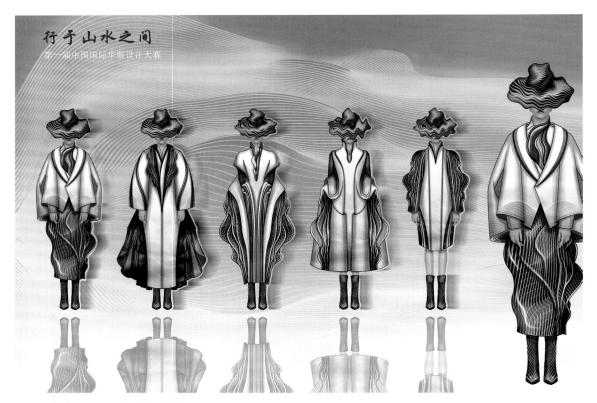

《行于山水之间》服装设计效果图，2021年

《行于山水之间》服装设计作品，2021年

《行于山水之间》服装设计作品，2021年

《吉象平安》丝巾的设计灵感来源于敦煌壁画中的六牙白象。六牙白象是普贤菩萨的坐骑，象征着真理、智慧和美德。在中国传统文化中，大象是正直与力量的象征，"象"与"祥"谐音，因此大象也被赋予吉祥平安的美誉。丝巾中央的六牙白象脚踏彩莲，背驮莲花宝瓶供器，四周祥云环绕，漫天飞花，四角搭配火焰宝珠，围绕华丽垂幔，一派繁盛祥和、万象更新的美好景象。

《吉象平安》丝巾设计，2023年

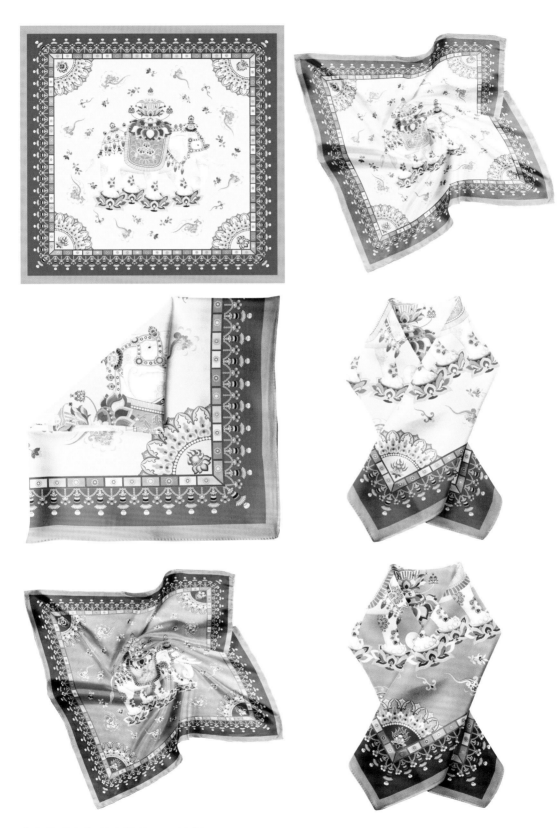

《吉象平安》丝巾设计，2023年

蓝津津设计作品

　　蓝津津，北京服装学院硕士，主要从事敦煌石窟服饰艺术研究。发表《丝路文明的重要印记——敦煌莫高窟弟子像的袈裟图案》等论文，服装设计作品获2022年第十二届"大浪杯"中国女装设计大赛优秀奖，服装设计效果图作品入选"第四届中国时装画大展"。

设计说明

　　本系列服装的设计主题是《READY TO GO》。2022年3月17日，我国酒泉卫星发射中心用长征四号丙运载火箭，成功将遥感三十四号02星发射升空，卫星顺利进入预定轨道，发射任务取得圆满成功。当时，笔者正在敦煌考察，有幸共睹这一幕，卫星发射时喷发的火焰形成了朵朵云气，仿佛正一起烘托着卫星飞入宇宙太空。笔者从这一幕中获得灵感。在系列设计中，笔者尝试立足于当今热点的元宇宙背景，在造型上将宇航员的服饰与敦煌弟子像袈裟结构进行解构重组，在图案上将中唐弟子袈裟图案中的云纹进行现代化转换，尝试表达新时代下的敦煌服饰新风尚。

《READY TO GO》系列服装设计，2022年

《READY TO GO》系列服装设计，2022年

《READY TO GO》系列服装设计．2022年

《READY TO GO》系列服装设计，2022年

《READY TO GO》系列服装设计，2022年

敦煌石窟历经十六国至元代十个历史时期的连续营建，是世界闻名的文化遗产。敦煌石窟艺术博大精深，物穆无穷。其中的壁画、彩塑和建筑精品，虽源于佛教文化，但与中华文化、西域艺术、世俗生态相融合，它以宗教信仰与佛教故事为载体，描绘着民族文化和人间万象，是古代社会图景的真实呈现。敦煌有如一座沙漠里的博物馆，为艺术设计和理论研究工作者提供了取之不尽、用之不竭的学习研究资源。

近年来，敦煌服饰文化研究暨创新设计中心在研究敦煌艺术理论的同时，也在尝试性地将敦煌文化进行创造性转化和创新性发展，设计出一系列的文创产品，如T恤、丝巾、镜子、扇子、包等，以期更好地服务于美好生活及引领社会时尚。

我们希望在文创产品设计中，继承敦煌石窟丰富的物质文化遗产，并传承其开放包容的精神内涵，弘扬其美美与共之大美，为当代文创产品的设计开辟新的方向。

设计团队：

项目顾问：刘元风

设计师：崔岩、王可、张春佳、常青、杨婧嫱、蓝津津、曾令一、陈扬

生产监制：杨婧嫱、曾令一、陈扬、刘晓燕

文字说明：杨婧嫱

摄影：陈大公、杨洋

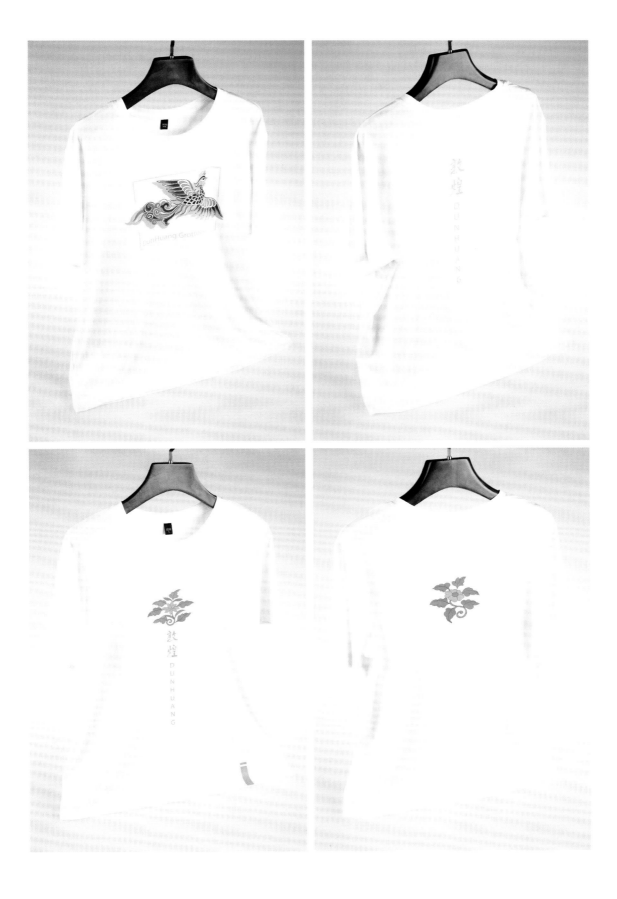

《敦煌四季》小夜灯及冰箱贴以敦煌壁画中的植物纹样和动物纹样为灵感，从西魏第249窟、西魏第285窟、隋第305窟、隋第397窟、隋第407窟和五代第395窟等各时期的洞窟中分别提炼了牛、凤鸟、兔子和鹿的形象，并且分别与野草、荷叶、荷花、银杏叶与团花等敦煌石窟内的植物纹样组合，形成了具有鲜明特点的敦煌四季小夜灯和冰箱贴。

敦煌四季图中，春季图画面含义是"牛气冲天"，夏季图画面含义是"凤凰呈祥"，秋季图画面含义是"兔飞猛进"，冬季图画面含义是"鹿运亨通"。这四季图也分别蕴含着对财富、爱情、学业、事业的美好祝福。

《敦煌四季》小夜灯

《敦煌四季》冰箱贴

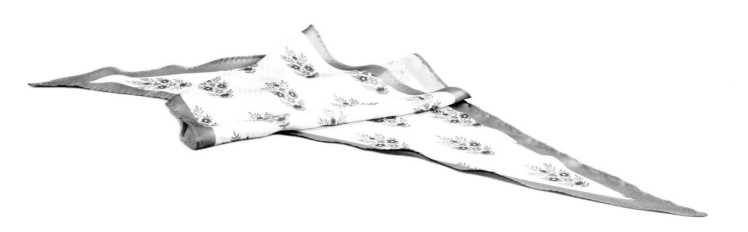

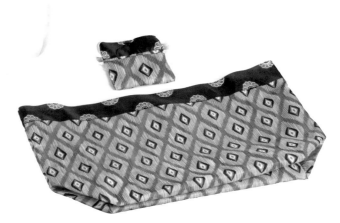

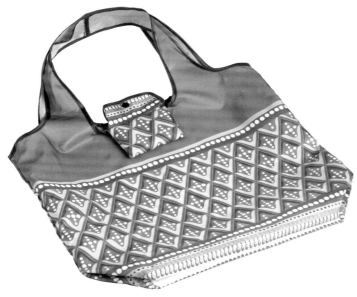

甘肃简牍博物馆系列新馆服，由敦煌服饰文化研究暨创新设计中心自2021年初筹划设计，于2022年底完成样衣制作，最终于2023年9月开馆时正式亮相。该系列设计以汉代简牍和服饰为灵感来源，从造型、色彩和面料等多方面体现简牍博物馆藏品的时代特征，以工作人员的服饰来全面反映博物馆深厚的文化底蕴。

在款式方面，新馆服采用汉代交领的造型特点来体现汉简的时代特征。女讲解员春秋装中，上下联通的"曲裾"以贴边的方式从领口绕至裙装侧面；冬装的上衣将"曲裾"集中表现在前开襟和下摆交叠的造型上，袖口采用喇叭造型。男讲解员的领口采用交领设计，整体力求稳重大气。男、女讲解员夏装均为短袖，内搭的白衬衫均为交领款式，与外套协调。馆员服装均采用交领装袖上衣，力求笔挺端庄，在款式细节处展示汉代文化特征。女馆员夏装及春秋装为短裙，冬装为长裤。

在面料方面，新馆服面料为定做的织锦面料，分为夏季薄款和春秋厚款。图案以汉代织锦典型的云气纹为核心图形，又从馆藏汉简中选取"甘肃简牍博物馆"这七个汉简体文字组合成馆名，分布在云气纹之间，呼应"五星出东方"汉锦的图形构成方式。从图形和构成上均力求展现简牍博物馆的藏品时代特征。

在色彩方面，从视觉效果和文化内涵方面综合考量，女装大面积和男装领部采用简牍博物馆馆藏汉代纺织品中的红色，并综合考虑简牍博物馆展厅的低纯度色彩特点，使用具有醒目识别性的冷调红色用在讲解员及馆员服装上，搭配偏暖的土红色和桔红色，使整体色彩既具有一定的群体标识性，又具有稳重的文化性。

设计团队：

项目顾问：刘元风

款式设计：李迎军、张春佳

图案设计：李迎军

设计助理：杨婧嫱、常青、蓝津津、曹珺滢

面料监制：常青、王雪琴

拍摄地点：甘肃简牍博物馆

摄影：李迎军

模特：简牍博物馆工作人员

2023年春，受敦煌市委市政府委托，在敦煌研究院苏伯民院长的大力支持下，由敦煌研究院美术研究所马强所长组织美术研究所成员和敦煌服饰文化研究暨创新设计中心核心成员进行新版敦煌市中小学文化校服设计工作，北京服装学院刘元风教授率领设计师团队历时五个月，完成四个系列文化校服设计开发工作，获得广泛好评。

2023年3月，设计师团队到敦煌市第四中学深入调研；4月，进行第一轮文化校服设计方案汇报，所提交的四个系列设计方案全部通过；5月，在敦煌市委进行文化校服设计方案研讨会，并开始着手文化校服样衣制作；7月，确定文化校服设计最终方案。

在四个系列的设计方案中，主体服装从敦煌壁画中提取典型色彩和图案，体现敦煌文化元素和中小学校服的内在统一，以及传统文化与当代学子的融合共生。在配饰方面，以敦煌盛唐第320窟藻井团花及第444窟石榴纹为徽章底图衬托校徽，纽扣采用盛唐石榴纹和西魏时期的树纹。

敦煌市中小学文化校服的启用将对学生的学习和成长起到重要影响作用，展现了新一代学子对于中华优秀传统文化尤其是敦煌文化艺术的热爱，对于坚定学生文化自信具有重大意义。

设计团队：

团队顾问：马强、刘元风

总协调：李迎军、张春佳

款式组：万雅芬、蓝津津、常青

图案组：高雪、崔岩、王可

文字及信息组：马金辉、杨婧嫱

系列一：

　　以敦煌壁画中北朝大量使用的青金石色为主色调，并搭配北魏时期第254窟几何纹，前衣襟以石绿色镶边，将几何纹应用在衬衫贴边、领带、领结、兜口、衣摆等处。

"严谨"系列着装效果

系列二：

蓬勃——蔵蕤蓬勃，赓续传承

　　以敦煌壁画中大量出现的石绿色为主色调，并搭配唐代第217窟石榴卷草纹，衣领采用交领款式，前襟采用土红色镶边，将石榴卷草纹以不同色调应用在领带、领结、兜口、领口等处。

"蓬勃"系列着装效果

系列三：

勤奋——青衿之志，履践致远

以正灰色为主色调，调和石绿色，并搭配西魏第285窟忍冬纹，将忍冬纹以不同色调应用在领带、领结、兜口、领口等处。

"勤奋"系列着装效果

系列四：

　　以敦煌壁画中大量出现的土红色为主色调，并搭配莫高窟盛唐第45窟团花纹，将团花以不同色调应用在领带、领结、兜口、领口以及里料等处。

"团结"系列着装效果

敦煌中小学校服发布现场，2023年

敦煌中小学校服发布现场，2023年

敦煌中小学校服发布现场，2023年